# Puzzle #1

## EASY

| | 3 | | | 4 | | | 9 | |
|---|---|---|---|---|---|---|---|---|
| 1 | | 8 | | | | 4 | | |
| 2 | | | 1 | | 9 | | 6 | 5 |
| | | 4 | 6 | | | | | 3 |
| | 2 | 1 | 5 | | | 8 | | |
| | | | | 2 | 3 | 5 | 1 | 7 |
| | 8 | 3 | | | | | 5 | 1 |
| 5 | 1 | | 2 | | | 7 | 8 | |
| | | | | 5 | 1 | | | 4 |

# Puzzle #2

## EASY

| 7 | 6 |   |   | 8 |   |   | 9 |   |
|---|---|---|---|---|---|---|---|---|
|   |   |   | 2 |   |   | 4 |   |   |
| 5 | 4 |   | 1 | 3 |   |   |   | 6 |
|   | 2 |   | 3 | 9 | 4 |   |   | 7 |
| 4 | 5 |   |   | 7 | 6 | 3 | 1 |   |
|   |   | 7 |   | 1 | 2 | 6 | 4 | 9 |
| 8 | 3 |   |   | 5 |   |   | 7 |   |
| 2 | 1 |   |   |   |   | 9 |   |   |
|   |   |   | 6 |   |   |   |   | 1 |

# Puzzle #3

## EASY

| 9 | 6 | 7 | 3 | 8 |   | 1 |   |   |
|---|---|---|---|---|---|---|---|---|
|   | 4 | 8 |   |   | 7 | 9 |   |   |
|   | 3 | 5 |   |   | 6 | 2 | 7 |   |
| 8 |   |   | 9 |   | 1 |   | 4 |   |
| 3 |   |   |   | 5 |   | 6 |   | 9 |
|   |   | 6 |   |   |   |   | 1 | 5 |
|   |   |   | 1 |   | 4 |   |   |   |
|   |   | 1 |   | 2 | 9 |   | 6 |   |
|   |   | 9 | 6 |   |   | 7 | 8 |   |

# Puzzle #4

## EASY

|   |   |   |   |   |   |   |   |   |
|---|---|---|---|---|---|---|---|---|
|   | 8 | 4 |   | 6 | 7 | 1 |   | 2 |
|   |   |   |   |   |   | 4 | 3 |   |
|   |   |   | 9 | 4 |   |   |   | 7 |
| 1 | 3 | 9 | 7 |   |   |   | 2 |   |
| 7 | 6 |   |   | 8 |   |   | 4 | 3 |
| 2 |   | 8 |   | 9 |   |   | 7 |   |
|   | 7 |   | 5 |   | 9 |   |   | 8 |
|   |   |   | 4 |   |   |   |   |   |
| 9 |   | 6 |   | 7 | 1 | 3 |   | 4 |

# Puzzle #5

## EASY

|   |   |   | 9 |   | 6 | 3 |   | 8 |
|---|---|---|---|---|---|---|---|---|
|   |   | 9 |   | 8 | 5 | 7 | 6 |   |
| 6 | 3 |   | 7 |   |   | 9 |   | 5 |
| 1 |   | 7 | 2 |   | 4 |   | 5 |   |
|   |   |   |   |   | 7 |   |   |   |
| 3 |   |   |   | 6 | 8 |   | 9 | 7 |
| 5 |   |   | 6 |   |   | 2 |   |   |
|   | 4 |   |   | 2 |   |   |   | 3 |
| 7 |   | 3 |   |   |   | 6 | 8 |   |

# Puzzle #6

## EASY

| 4 |   |   | 7 | 9 | 1 |   |   |   |
|---|---|---|---|---|---|---|---|---|
|   | 9 |   |   |   |   | 1 |   | 5 |
|   | 6 | 2 | 5 | 4 |   | 3 |   | 9 |
|   |   | 1 | 3 | 2 |   | 9 |   |   |
|   | 5 |   | 6 |   |   |   |   | 8 |
|   |   | 6 |   | 8 | 7 | 5 |   |   |
| 2 |   |   |   |   |   |   | 5 | 1 |
| 5 |   |   | 1 |   | 6 | 8 | 9 |   |
|   | 1 | 9 |   | 5 | 2 |   |   | 4 |

# Puzzle #7

## EASY

| | | | 5 | 7 | | 2 | | 4 |
|---|---|---|---|---|---|---|---|---|
| 5 | 2 | | | | 3 | | | |
| 7 | | | | 4 | | | 5 | |
| | 8 | 5 | 4 | 3 | | 9 | 2 | |
| | | 3 | | | 7 | | 1 | 5 |
| | | | 1 | | | | | 8 |
| 8 | 6 | | | | 1 | 4 | | |
| 4 | | 7 | | 6 | | | 9 | 1 |
| 2 | | 1 | | | | | 7 | 6 |

# Puzzle #8

## EASY

|   | 4 |   |   | 6 | 8 | 3 | 7 |   |
|---|---|---|---|---|---|---|---|---|
|   |   |   |   |   | 1 |   | 6 | 8 |
|   | 2 |   |   |   | 3 |   | 4 |   |
|   | 6 |   |   | 1 | 2 |   |   |   |
| 4 | 9 |   |   | 7 |   |   | 3 | 2 |
|   |   |   | 4 |   | 9 | 7 |   | 6 |
| 7 | 1 |   |   |   |   |   | 9 |   |
| 9 |   | 2 |   | 8 |   | 6 |   |   |
| 6 |   |   | 1 |   | 4 | 5 | 2 | 7 |

# Puzzle #9

## EASY

| 8 | 3 | 2 |   |   |   | 9 | 1 | 4 |
|---|---|---|---|---|---|---|---|---|
| 1 | 5 |   | 9 |   | 4 |   |   |   |
| 4 |   |   |   |   |   |   | 7 |   |
|   |   |   | 7 |   | 5 | 4 | 6 |   |
|   | 8 | 5 | 4 |   |   | 1 | 2 | 3 |
|   |   |   |   | 8 | 3 | 7 |   |   |
| 9 |   | 8 | 3 |   | 1 | 2 |   | 7 |
|   |   |   |   |   |   | 3 |   |   |
|   | 7 |   | 5 |   | 2 | 6 |   |   |

# Puzzle #10

## EASY



|   |   |   |   |   |   |   |   |   |
|---|---|---|---|---|---|---|---|---|
|   |   |   |   | 2 |   | 7 | 6 |   |
|   | 4 | 1 | 5 | 7 | 6 |   | 8 |   |
|   |   | 6 | 9 |   |   |   |   | 2 |
|   |   | 7 | 8 |   |   | 4 | 3 | 1 |
|   |   | 4 | 1 | 3 |   |   | 7 | 9 |
|   |   |   | 4 |   |   |   |   | 8 |
| 5 | 9 |   |   | 4 |   | 8 | 1 |   |
| 1 | 7 |   |   | 9 |   | 2 |   | 5 |
|   |   | 8 | 2 |   |   |   |   |   |

# Puzzle #11

## EASY

| 4 |   |   |   | 8 | 9 |   | 7 | 1 |
|   |   | 9 | 5 |   |   |   |   | 4 |
| 6 | 7 |   | 4 |   |   | 9 | 2 |   |
|   |   | 3 |   | 1 | 8 |   |   |   |
|   | 4 |   |   | 5 | 6 | 1 |   | 8 |
| 8 | 9 |   |   |   | 7 |   |   |   |
| 7 | 1 | 2 | 8 |   |   |   |   |   |
|   | 8 |   |   | 9 |   |   |   | 6 |
| 9 |   | 6 |   | 2 | 4 | 7 | 8 |   |

# Puzzle #12

## EASY

|   |   | 2 |   |   | 3 |   |   |   |
|---|---|---|---|---|---|---|---|---|
|   |   | 1 | 4 |   |   |   | 8 | 2 |
| 7 | 9 | 6 |   |   |   | 5 |   |   |
|   | 5 | 9 | 3 |   |   |   |   | 8 |
|   |   |   |   | 8 | 9 | 2 | 5 | 6 |
|   |   |   |   | 6 |   |   | 4 | 9 |
|   | 7 | 4 |   |   |   | 1 | 6 | 5 |
| 2 |   | 8 | 5 | 1 | 7 |   |   | 3 |
| 3 |   |   |   |   |   | 8 |   | 7 |

# Puzzle #13

EASY

| | 2 | 9 | 7 | | | | 1 | 5 |
|---|---|---|---|---|---|---|---|---|
| 1 | | | 9 | 3 | 8 | 6 | | |
| | 6 | | 5 | | 2 | | | |
| 2 | 7 | 1 | | | | | | 6 |
| | | 3 | | 4 | 1 | 7 | | |
| 4 | | | | 8 | | | 3 | 1 |
| 9 | | | 8 | | | | | 7 |
| 7 | 4 | | | 9 | | 2 | | 3 |
| | 1 | | | | | 8 | 5 | |

# Puzzle #14

## EASY

|   | 2 | 5 |   | 1 | 9 | 4 |   |   |
|---|---|---|---|---|---|---|---|---|
| 8 | 7 |   |   | 2 |   | 5 | 9 |   |
| 1 | 9 |   |   | 4 |   |   |   |   |
|   | 6 |   |   |   |   |   |   |   |
| 7 | 3 |   |   |   |   | 9 | 2 | 5 |
| 4 |   |   | 9 |   | 8 |   | 6 |   |
| 9 | 4 | 3 |   |   |   |   | 5 |   |
| 6 |   | 1 |   | 9 | 5 | 7 | 3 |   |
|   |   |   | 3 |   | 6 |   |   |   |

# Puzzle #15

EASY

| | 5 | | | 4 | 3 | | | 6 |
|---|---|---|---|---|---|---|---|---|
| | 1 | 6 | | | 2 | | | |
| 3 | 2 | 4 | 5 | 6 | | | | |
| | 8 | 7 | | 9 | 5 | | 6 | |
| 4 | 9 | 2 | | 1 | | 5 | | |
| | | | | 7 | | | 1 | |
| | 7 | 8 | | | 9 | 2 | | |
| | | 1 | 6 | | 7 | 9 | | |
| | 3 | 5 | | | 8 | | | 4 |

# Puzzle #16

## EASY

|   |   |   |   |   |   |   |   |   |
|---|---|---|---|---|---|---|---|---|
| 5 |   | 3 | 2 | 4 | 1 |   |   |   |
|   | 4 |   | 6 |   |   |   | 9 |   |
|   |   |   |   | 8 | 3 | 5 | 4 | 1 |
| 9 |   | 2 | 8 | 3 |   |   |   |   |
|   |   |   | 4 | 5 | 2 | 6 |   |   |
|   | 8 |   |   |   | 7 |   | 3 |   |
|   | 1 | 9 |   |   |   |   |   | 7 |
| 8 | 3 |   |   |   | 9 | 4 |   | 6 |
| 7 | 2 |   |   | 6 | 8 |   |   |   |

# Puzzle #17

## EASY

| | | 1 | | | | 2 | 3 | |
|---|---|---|---|---|---|---|---|---|
| | | | 3 | 1 | | 8 | | |
| | 3 | | 2 | 7 | 5 | 4 | 1 | |
| 6 | | | | 4 | | | | |
| 1 | 7 | 2 | 9 | | | 5 | 6 | |
| | | | | | | 9 | | |
| | | 8 | | 2 | 3 | | 5 | 7 |
| 2 | 6 | | 5 | 9 | 1 | 3 | 4 | |
| 3 | | | 4 | | | | 9 | |

# Puzzle #18

## EASY

| | 8 | | | 9 | 6 | 1 | | 4 |
|---|---|---|---|---|---|---|---|---|
| 7 | | 6 | 8 | 5 | | | 3 | |
| | | | 2 | | 7 | 8 | 5 | |
| | 5 | | | | 9 | | | |
| | 6 | 1 | | | 2 | 7 | | |
| 4 | | 9 | | 1 | | | | 5 |
| 1 | | | | | | | | |
| 6 | 9 | | 7 | | | 4 | | 3 |
| | 3 | | | 6 | | 2 | | 8 |

# Puzzle #19

EASY

| | | 2 | 9 | | | 7 | | 6 |
| 7 | 4 | | 2 | | | 5 | | 9 |
| | 9 | 5 | | | 7 | 4 | | |
| | | | | | 4 | | | 3 |
| | 6 | 9 | | | 3 | | 8 | 7 |
| 2 | | 8 | | 9 | 1 | 6 | 4 | |
| | 5 | | | | | | | |
| 9 | 2 | | | | | | 7 | 1 |
| 1 | | 6 | | 7 | 9 | 3 | 5 | 2 |

# Puzzle #20

## EASY

## Puzzle #  1

| 6 | 3 | 5 | 7 | 4 | 2 | 1 | 9 | 8 |
| 1 | 9 | 8 | 3 | 6 | 5 | 4 | 7 | 2 |
| 2 | 4 | 7 | 1 | 8 | 9 | 3 | 6 | 5 |
| 7 | 5 | 4 | 6 | 1 | 8 | 9 | 2 | 3 |
| 3 | 2 | 1 | 5 | 9 | 7 | 8 | 4 | 6 |
| 8 | 6 | 9 | 4 | 2 | 3 | 5 | 1 | 7 |
| 4 | 8 | 3 | 9 | 7 | 6 | 2 | 5 | 1 |
| 5 | 1 | 6 | 2 | 3 | 4 | 7 | 8 | 9 |
| 9 | 7 | 2 | 8 | 5 | 1 | 6 | 3 | 4 |

## Puzzle #  2

| 7 | 6 | 2 | 4 | 8 | 5 | 1 | 9 | 3 |
| 1 | 9 | 3 | 2 | 6 | 7 | 4 | 8 | 5 |
| 5 | 4 | 8 | 1 | 3 | 9 | 7 | 2 | 6 |
| 6 | 2 | 1 | 3 | 9 | 4 | 8 | 5 | 7 |
| 4 | 5 | 9 | 8 | 7 | 6 | 3 | 1 | 2 |
| 3 | 8 | 7 | 5 | 1 | 2 | 6 | 4 | 9 |
| 8 | 3 | 6 | 9 | 5 | 1 | 2 | 7 | 4 |
| 2 | 1 | 5 | 7 | 4 | 3 | 9 | 6 | 8 |
| 9 | 7 | 4 | 6 | 2 | 8 | 5 | 3 | 1 |

## Puzzle #  3

| 9 | 6 | 7 | 3 | 8 | 2 | 1 | 5 | 4 |
| 2 | 4 | 8 | 5 | 1 | 7 | 9 | 3 | 6 |
| 1 | 3 | 5 | 4 | 9 | 6 | 2 | 7 | 8 |
| 8 | 5 | 2 | 9 | 6 | 1 | 3 | 4 | 7 |
| 3 | 1 | 4 | 7 | 5 | 8 | 6 | 2 | 9 |
| 7 | 9 | 6 | 2 | 4 | 3 | 8 | 1 | 5 |
| 6 | 8 | 3 | 1 | 7 | 4 | 5 | 9 | 2 |
| 5 | 7 | 1 | 8 | 2 | 9 | 4 | 6 | 3 |
| 4 | 2 | 9 | 6 | 3 | 5 | 7 | 8 | 1 |

## Puzzle #  4

| 5 | 8 | 4 | 3 | 6 | 7 | 1 | 9 | 2 |
| 6 | 9 | 7 | 2 | 1 | 8 | 4 | 3 | 5 |
| 3 | 1 | 2 | 9 | 4 | 5 | 6 | 8 | 7 |
| 1 | 3 | 9 | 7 | 5 | 4 | 8 | 2 | 6 |
| 7 | 6 | 5 | 1 | 8 | 2 | 9 | 4 | 3 |
| 2 | 4 | 8 | 6 | 9 | 3 | 5 | 7 | 1 |
| 4 | 7 | 1 | 5 | 3 | 9 | 2 | 6 | 8 |
| 8 | 5 | 3 | 4 | 2 | 6 | 7 | 1 | 9 |
| 9 | 2 | 6 | 8 | 7 | 1 | 3 | 5 | 4 |

## Puzzle #  5

| 4 | 7 | 5 | 9 | 1 | 6 | 3 | 2 | 8 |
| 2 | 1 | 9 | 3 | 8 | 5 | 7 | 6 | 4 |
| 6 | 3 | 8 | 7 | 4 | 2 | 9 | 1 | 5 |
| 1 | 9 | 7 | 2 | 3 | 4 | 8 | 5 | 6 |
| 8 | 6 | 4 | 5 | 9 | 7 | 1 | 3 | 2 |
| 3 | 5 | 2 | 1 | 6 | 8 | 4 | 9 | 7 |
| 5 | 8 | 1 | 6 | 7 | 3 | 2 | 4 | 9 |
| 9 | 4 | 6 | 8 | 2 | 1 | 5 | 7 | 3 |
| 7 | 2 | 3 | 4 | 5 | 9 | 6 | 8 | 1 |

## Puzzle #  6

| 4 | 3 | 5 | 7 | 9 | 1 | 2 | 8 | 6 |
| 7 | 9 | 8 | 2 | 6 | 3 | 1 | 4 | 5 |
| 1 | 6 | 2 | 5 | 4 | 8 | 3 | 7 | 9 |
| 8 | 4 | 1 | 3 | 2 | 5 | 9 | 6 | 7 |
| 3 | 5 | 7 | 6 | 1 | 9 | 4 | 2 | 8 |
| 9 | 2 | 6 | 4 | 8 | 7 | 5 | 1 | 3 |
| 2 | 8 | 3 | 9 | 7 | 4 | 6 | 5 | 1 |
| 5 | 7 | 4 | 1 | 3 | 6 | 8 | 9 | 2 |
| 6 | 1 | 9 | 8 | 5 | 2 | 7 | 3 | 4 |

## Puzzle #  7

| 3 | 1 | 8 | 5 | 7 | 9 | 2 | 6 | 4 |
| 5 | 2 | 4 | 6 | 1 | 3 | 7 | 8 | 9 |
| 7 | 9 | 6 | 2 | 4 | 8 | 1 | 5 | 3 |
| 1 | 8 | 5 | 4 | 3 | 6 | 9 | 2 | 7 |
| 9 | 4 | 3 | 8 | 2 | 7 | 6 | 1 | 5 |
| 6 | 7 | 2 | 1 | 9 | 5 | 3 | 4 | 8 |
| 8 | 6 | 9 | 7 | 5 | 1 | 4 | 3 | 2 |
| 4 | 5 | 7 | 3 | 6 | 2 | 8 | 9 | 1 |
| 2 | 3 | 1 | 9 | 8 | 4 | 5 | 7 | 6 |

## Puzzle #  8

| 1 | 4 | 9 | 2 | 6 | 8 | 3 | 7 | 5 |
| 5 | 7 | 3 | 9 | 4 | 1 | 2 | 6 | 8 |
| 8 | 2 | 6 | 7 | 5 | 3 | 9 | 4 | 1 |
| 3 | 6 | 7 | 5 | 1 | 2 | 4 | 8 | 9 |
| 4 | 9 | 5 | 8 | 7 | 6 | 1 | 3 | 2 |
| 2 | 8 | 1 | 4 | 3 | 9 | 7 | 5 | 6 |
| 7 | 1 | 4 | 6 | 2 | 5 | 8 | 9 | 3 |
| 9 | 5 | 2 | 3 | 8 | 7 | 6 | 1 | 4 |
| 6 | 3 | 8 | 1 | 9 | 4 | 5 | 2 | 7 |

## Puzzle #  9

| 8 | 3 | 2 | 6 | 5 | 7 | 9 | 1 | 4 |
| 1 | 5 | 7 | 9 | 2 | 4 | 8 | 3 | 6 |
| 4 | 6 | 9 | 1 | 3 | 8 | 5 | 7 | 2 |
| 2 | 9 | 3 | 7 | 1 | 5 | 4 | 6 | 8 |
| 7 | 8 | 5 | 4 | 9 | 6 | 1 | 2 | 3 |
| 6 | 1 | 4 | 2 | 8 | 3 | 7 | 9 | 5 |
| 9 | 4 | 8 | 3 | 6 | 1 | 2 | 5 | 7 |
| 5 | 2 | 6 | 8 | 7 | 9 | 3 | 4 | 1 |
| 3 | 7 | 1 | 5 | 4 | 2 | 6 | 8 | 9 |

## Puzzle #  10

| 9 | 8 | 5 | 3 | 2 | 1 | 7 | 6 | 4 |
| 2 | 4 | 1 | 5 | 7 | 6 | 9 | 8 | 3 |
| 7 | 3 | 6 | 9 | 8 | 4 | 1 | 5 | 2 |
| 6 | 2 | 7 | 8 | 5 | 9 | 4 | 3 | 1 |
| 8 | 5 | 4 | 1 | 3 | 2 | 6 | 7 | 9 |
| 3 | 1 | 9 | 4 | 6 | 7 | 5 | 2 | 8 |
| 5 | 9 | 2 | 7 | 4 | 3 | 8 | 1 | 6 |
| 1 | 7 | 3 | 6 | 9 | 8 | 2 | 4 | 5 |
| 4 | 6 | 8 | 2 | 1 | 5 | 3 | 9 | 7 |

## Puzzle #  11

| 4 | 2 | 5 | 6 | 8 | 9 | 3 | 7 | 1 |
| 1 | 3 | 9 | 5 | 7 | 2 | 8 | 6 | 4 |
| 6 | 7 | 8 | 4 | 3 | 1 | 9 | 2 | 5 |
| 5 | 6 | 3 | 2 | 1 | 8 | 4 | 9 | 7 |
| 2 | 4 | 7 | 9 | 5 | 6 | 1 | 3 | 8 |
| 8 | 9 | 1 | 3 | 4 | 7 | 6 | 5 | 2 |
| 7 | 1 | 2 | 8 | 6 | 3 | 5 | 4 | 9 |
| 3 | 8 | 4 | 7 | 9 | 5 | 2 | 1 | 6 |
| 9 | 5 | 6 | 1 | 2 | 4 | 7 | 8 | 3 |

## Puzzle #  12

| 4 | 8 | 2 | 9 | 5 | 3 | 6 | 7 | 1 |
| 5 | 3 | 1 | 4 | 7 | 6 | 9 | 8 | 2 |
| 7 | 9 | 6 | 8 | 2 | 1 | 5 | 3 | 4 |
| 6 | 5 | 9 | 3 | 4 | 2 | 7 | 1 | 8 |
| 1 | 4 | 3 | 7 | 8 | 9 | 2 | 5 | 6 |
| 8 | 2 | 7 | 1 | 6 | 5 | 3 | 4 | 9 |
| 9 | 7 | 4 | 2 | 3 | 8 | 1 | 6 | 5 |
| 2 | 6 | 8 | 5 | 1 | 7 | 4 | 9 | 3 |
| 3 | 1 | 5 | 6 | 9 | 4 | 8 | 2 | 7 |

## Puzzle #  13

| 8 | 2 | 9 | 7 | 6 | 4 | 3 | 1 | 5 |
|---|---|---|---|---|---|---|---|---|
| 1 | 5 | 7 | 9 | 3 | 8 | 6 | 2 | 4 |
| 3 | 6 | 4 | 5 | 1 | 2 | 9 | 7 | 8 |
| 2 | 7 | 1 | 3 | 5 | 9 | 4 | 8 | 6 |
| 5 | 8 | 3 | 6 | 4 | 1 | 7 | 9 | 2 |
| 4 | 9 | 6 | 2 | 8 | 7 | 5 | 3 | 1 |
| 9 | 3 | 5 | 8 | 2 | 6 | 1 | 4 | 7 |
| 7 | 4 | 8 | 1 | 9 | 5 | 2 | 6 | 3 |
| 6 | 1 | 2 | 4 | 7 | 3 | 8 | 5 | 9 |

## Puzzle #  14

| 3 | 2 | 5 | 8 | 1 | 9 | 4 | 7 | 6 |
|---|---|---|---|---|---|---|---|---|
| 8 | 7 | 4 | 6 | 2 | 3 | 5 | 9 | 1 |
| 1 | 9 | 6 | 5 | 4 | 7 | 2 | 8 | 3 |
| 5 | 6 | 9 | 7 | 3 | 2 | 8 | 1 | 4 |
| 7 | 3 | 8 | 1 | 6 | 4 | 9 | 2 | 5 |
| 4 | 1 | 2 | 9 | 5 | 8 | 3 | 6 | 7 |
| 9 | 4 | 3 | 2 | 7 | 1 | 6 | 5 | 8 |
| 6 | 8 | 1 | 4 | 9 | 5 | 7 | 3 | 2 |
| 2 | 5 | 7 | 3 | 8 | 6 | 1 | 4 | 9 |

## Puzzle #  15

| 8 | 5 | 9 | 7 | 4 | 3 | 1 | 2 | 6 |
|---|---|---|---|---|---|---|---|---|
| 7 | 1 | 6 | 9 | 8 | 2 | 3 | 4 | 5 |
| 3 | 2 | 4 | 5 | 6 | 1 | 7 | 9 | 8 |
| 1 | 8 | 7 | 3 | 9 | 5 | 4 | 6 | 2 |
| 4 | 9 | 2 | 8 | 1 | 6 | 5 | 3 | 7 |
| 5 | 6 | 3 | 2 | 7 | 4 | 8 | 1 | 9 |
| 6 | 7 | 8 | 4 | 3 | 9 | 2 | 5 | 1 |
| 2 | 4 | 1 | 6 | 5 | 7 | 9 | 8 | 3 |
| 9 | 3 | 5 | 1 | 2 | 8 | 6 | 7 | 4 |

## Puzzle #  16

| 5 | 9 | 3 | 2 | 4 | 1 | 7 | 6 | 8 |
|---|---|---|---|---|---|---|---|---|
| 1 | 4 | 8 | 6 | 7 | 5 | 3 | 9 | 2 |
| 2 | 6 | 7 | 9 | 8 | 3 | 5 | 4 | 1 |
| 9 | 5 | 2 | 8 | 3 | 6 | 1 | 7 | 4 |
| 3 | 7 | 1 | 4 | 5 | 2 | 6 | 8 | 9 |
| 4 | 8 | 6 | 1 | 9 | 7 | 2 | 3 | 5 |
| 6 | 1 | 9 | 3 | 2 | 4 | 8 | 5 | 7 |
| 8 | 3 | 5 | 7 | 1 | 9 | 4 | 2 | 6 |
| 7 | 2 | 4 | 5 | 6 | 8 | 9 | 1 | 3 |

## Puzzle #  17

| 7 | 9 | 1 | 8 | 6 | 4 | 2 | 3 | 5 |
| 5 | 2 | 4 | 3 | 1 | 9 | 8 | 7 | 6 |
| 8 | 3 | 6 | 2 | 7 | 5 | 4 | 1 | 9 |
| 6 | 5 | 9 | 1 | 4 | 2 | 7 | 8 | 3 |
| 1 | 7 | 2 | 9 | 3 | 8 | 5 | 6 | 4 |
| 4 | 8 | 3 | 7 | 5 | 6 | 9 | 2 | 1 |
| 9 | 4 | 8 | 6 | 2 | 3 | 1 | 5 | 7 |
| 2 | 6 | 7 | 5 | 9 | 1 | 3 | 4 | 8 |
| 3 | 1 | 5 | 4 | 8 | 7 | 6 | 9 | 2 |

## Puzzle #  18

| 2 | 8 | 5 | 3 | 9 | 6 | 1 | 7 | 4 |
| 7 | 4 | 6 | 8 | 5 | 1 | 9 | 3 | 2 |
| 9 | 1 | 3 | 2 | 4 | 7 | 8 | 5 | 6 |
| 3 | 5 | 2 | 4 | 7 | 9 | 6 | 8 | 1 |
| 8 | 6 | 1 | 5 | 3 | 2 | 7 | 4 | 9 |
| 4 | 7 | 9 | 6 | 1 | 8 | 3 | 2 | 5 |
| 1 | 2 | 4 | 9 | 8 | 3 | 5 | 6 | 7 |
| 6 | 9 | 8 | 7 | 2 | 5 | 4 | 1 | 3 |
| 5 | 3 | 7 | 1 | 6 | 4 | 2 | 9 | 8 |

## Puzzle #  19

| 8 | 1 | 2 | 9 | 4 | 5 | 7 | 3 | 6 |
| 7 | 4 | 3 | 2 | 6 | 8 | 5 | 1 | 9 |
| 6 | 9 | 5 | 1 | 3 | 7 | 4 | 2 | 8 |
| 5 | 7 | 1 | 6 | 8 | 4 | 2 | 9 | 3 |
| 4 | 6 | 9 | 5 | 2 | 3 | 1 | 8 | 7 |
| 2 | 3 | 8 | 7 | 9 | 1 | 6 | 4 | 5 |
| 3 | 5 | 7 | 8 | 1 | 2 | 9 | 6 | 4 |
| 9 | 2 | 4 | 3 | 5 | 6 | 8 | 7 | 1 |
| 1 | 8 | 6 | 4 | 7 | 9 | 3 | 5 | 2 |

## Puzzle #  20

| 7 | 3 | 5 | 6 | 1 | 9 | 4 | 8 | 2 |
| 1 | 6 | 9 | 8 | 2 | 4 | 7 | 3 | 5 |
| 4 | 2 | 8 | 7 | 3 | 5 | 9 | 1 | 6 |
| 8 | 4 | 1 | 9 | 6 | 3 | 5 | 2 | 7 |
| 6 | 9 | 2 | 1 | 5 | 7 | 3 | 4 | 8 |
| 5 | 7 | 3 | 2 | 4 | 8 | 1 | 6 | 9 |
| 2 | 5 | 6 | 4 | 7 | 1 | 8 | 9 | 3 |
| 3 | 8 | 4 | 5 | 9 | 2 | 6 | 7 | 1 |
| 9 | 1 | 7 | 3 | 8 | 6 | 2 | 5 | 4 |